童眼看世界 TONGYAN KAN SHIJIE

认宇宙

北京理工大学出版社
BEIJING INSTITUTE OF TECHNOLOGY PRESS

写给小读者

宇宙之于人类，犹如糖果之于孩童，总是那么富有吸引力。就像小孩，哪怕知道吃了糖会蛀牙，还是想要吃，而人们就算知道探究宇宙有多么艰险，也始终怀抱赤诚之心，狂热地探索宇宙的秘密。

基于热爱，所以才会全力以赴地去追寻、去了解宇宙的全貌。但是，宇宙的知识实在是太丰富了，想要全面了解探索是不可能的。所以，基于孩子们的理解力，本书只能摘取一些最基本的知识，起到一个“抛砖引玉”的作用，将孩子们引入探索宇宙的行列。如果孩子们想获取更多的知识，需要同时利用各种渠道，例如纪录片、报纸以及专业的科普书刊，从中选取自己最感兴趣的话题进行深入研究。

目录

什么是宇宙?

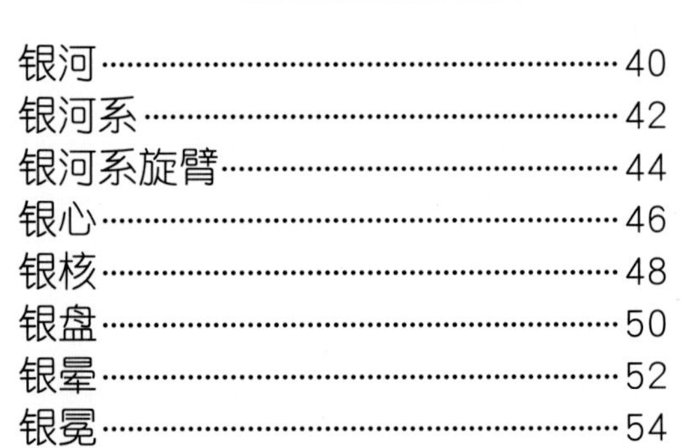

银河系

太阳系

宇宙探索

什么是宇宙?

有人认为宇宙就是广阔的空间，可其实宇宙是万物的总称，是空间与时间的统一。当然，也有人将地球大气层以外的空间和物质称为“宇宙”。

在这里，我们着重探寻的是后一种。

宇宙大爆炸

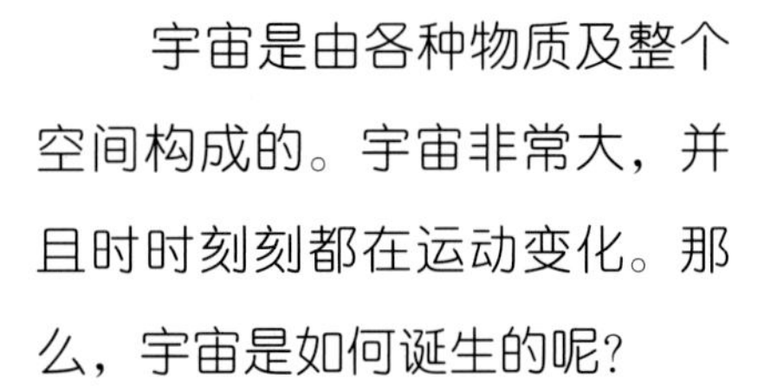

宇宙是由各种物质及整个空间构成的。宇宙非常大，并且时时刻刻都在运动变化。那么，宇宙是如何诞生的呢？

宇宙探索

科学家们认为，宇宙最初只是一个非常渺小的点，但密度极大、热度极高，科学家称之为“奇点”。大约在138亿年前，奇点发生了大爆炸，膨胀开来，越来越宽广。而这种膨胀从未停止，哪怕是现在。宇宙正在以飞快的速度向外延伸，星际空间正不断扩大。

据估计，宇宙膨胀的速度大约为18.4千米/秒，至今仍无人知道它的边界在哪儿。

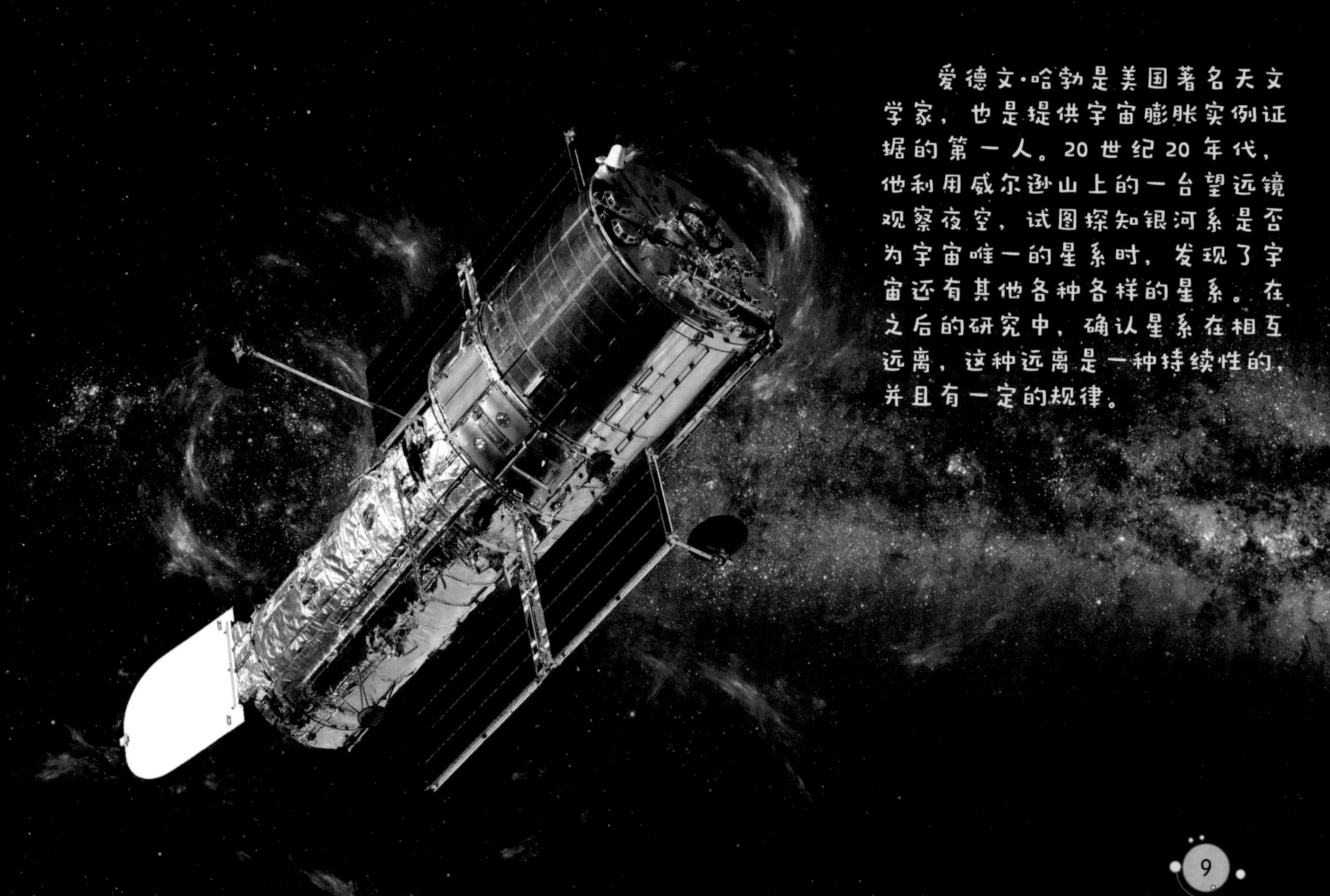

爱德文·哈勃是美国著名天文学家，也是提供宇宙膨胀实例证据的第一人。20 世纪 20 年代，他利用威尔逊山上的一台望远镜观察夜空，试图探知银河系是否为宇宙唯一的星系时，发现了宇宙还有其他各种各样的星系。在之后的研究中，确认星系在相互远离，这种远离是一种持续性的，并且有一定的规律。

宇宙的开始

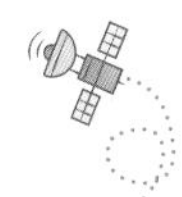

大爆炸发生以后，地球是不是立刻就变成今天的模样？

当然不是。这期间经历了漫长的过程，经过无数的变化，最终才成就今天的宇宙。

宇宙探索

宇宙大爆炸发生后，一时间非常热，以至于无法形成原子核，因为这样的高温会将任何结合在一起的质子和中子分解，所以这个时候宇宙先生成了“夸克”和“轻子”等基本粒子。但宇宙爆炸后迅速膨胀，导致温度和密度很快下降，这些基本粒子也不断发生碰撞，结合又分开，分开又结合，各种作用，最终衍生出越来越复杂的共同体，制造出了各种物质。于是，宇宙万物开始诞生了。

科学家认为，大爆炸发生后宇宙是一片混沌的，就好像雾霾天一样，什么也看不清。但当质子和电子开始大量形成原子后，宇宙逐渐变得透明起来——有光了。我们可以通过这些光来探知宇宙的秘密。

天体

提起宇宙，你会想起什么？是恒星、行星、卫星、小行星、彗星、流星体、行星际物质，还是星团、星云、星际物质，又或者是红外源、紫外源、射电源、X 射线源和 γ 射线源等？知道吗，它们有一个共同的名字——天体。

宇宙探索

天体其实是就宇宙间物质的存在形式而言的。如呈聚集态的“星体”、弥散状的“星云”，弥漫其间的稀薄物质“星际物质”，以及充斥其间的星际气体和星际尘埃，都是天体。

认天体，有三大基本标准：第一，只要是宇宙中物质的存在形式，哪怕肉眼看不见，都可称为天体；第二，它是宇宙间的物质，天体的某个部分不是天体；第三，它处于外太空，位于地球大气层中的不算天体。

现在太空中还增加一类特殊的天体，那便是“人造天体”，如人造卫星、火箭、空间实验室、星际探测器等，都属于这类天体。

恒星

恒星是从星云中诞生的一种由炽热的发光气体构成的天体。例如我们所熟知的太阳，它就是一颗恒星，而且是距离地球最近的恒星。

宇宙探索

恒星的大小、质量和温度都很惊人：小的恒星直径只有太阳的 1/450，而大的则比太阳大 1000 多倍；质量大小则在太阳的 1/20 到 50 倍之间变化；表面温度最低的也能达到 3000 摄氏度，最高的可达到 50000 摄氏度。而且，不同温度会令恒星显示出不一样的颜色——温度低的恒星呈红色，而温度最高的恒星则是蓝色的，太阳在它们之间，呈黄色。

恒星发光的能量是由恒星内核的核聚变提供的。在气象条件良好的夜晚，地球上的人们肉眼大约能看到6000颗恒星。

新星

新星是指偶然出现在天空的明亮星星。由于它突然出现，一度被认为是刚刚诞生的恒星，因此取名叫“新星”。可这种星星出现几天后又会突然消失，所以古人也称之为“客星”。

宇宙探索

新星是一颗正在进行死亡倒计时的恒星。恒星进入老年后，中心氦核剧烈坍缩，而外壳却不断膨胀，形成一颗红巨星。红巨星在某个时刻突然爆炸，释放出大量的能量，爆炸波将它表面的气体远远吹走，导致它的光度可能增加几十万倍，这就是“新星”。假如恒星爆发猛烈，光度增加超过 1000 万倍，这样的恒星就叫“超新星”。不久，能量消耗完，它便迅速暗淡下来，又看不见了。

　　一些超新星爆发极为激烈，使得它短时间内发出的光比一整个星系都要明亮。

黑洞

黑洞是宇宙中存在的一种天体，它被认为有巨大的“吞食”能力，能吞噬一切靠近它的物质，甚至连光也不例外……

宇宙探索

黑洞是由质量足够大的恒星在消耗完自身的燃料死亡以后，发生引力坍缩而形成的。黑洞最大的特点就是引力极其强大，就连光也无法从中逃脱。所以，黑洞是不可见的，除非它的身边有一颗伴星。由于黑洞的引力极其霸道，伴星上的气体会被夺走，并形成一个围绕黑洞高速旋转的吸积盘。气体在旋转中被加热，会发出辐射，从而被测得。

北京时间2019年4月10日21时，人类首张黑洞照片面世。该黑洞距离地球5500万光年（1光年约为9.46万亿千米），质量约为太阳的65亿倍。

白洞

白洞是相对于黑洞理论而提出的一种天体模型。人们用白洞理论来解释一些高能的天体现象。到目前为止，白洞还仅限于理论存在，没被发现。

宇宙探索

理论认为，白洞有一个封闭的边界，边界内的物质（包括辐射）都可以发射到外边去，外面的物质却不能越过边界进入白洞内部。从这一点上来说，它与黑洞正好相反。

而在白洞的边界外，那里的引力性质和黑洞是相同的，能把周围的物质吸积到边界上，形成物质层。这些物质可能与白洞内发射出的物质发生激烈的碰撞，释放巨大的能量。但这些都有待进一步验证。

有人猜测，白洞和黑洞可能是同一个天体，它就像是两个宇宙中间的门，面对这个宇宙在吸物质，面对另外一个宇宙则在喷射物质。

中子星

和黑洞一样，中子星也是由超新星爆发后残留的星核形成的。一般而言，残留的核质量如果超过太阳的 3 倍，形成的是黑洞；在太阳的 1.5 到 3 倍之间，就塌缩成中子星。

宇宙探索

典型的中子星直径大约只有 10 千米，其主要组成成分是“中子”。被观测到的中子星又被人们称为“脉冲星”，原因是：当中子星飞快自转时，它们发射出的两束射电波也飞快地扫过天空，而地面只能测到一个短短的脉冲。

中子星的密度极大，一小茶匙的物质便能达到10亿吨重。

星云

星云是宇宙中由稀薄的气体和尘埃结合形成的云雾状天体。星云的物质密度很小，可体积却十分庞大，直径可以达到几十光年，所以它的质量也非常可观。

宇宙探索

星云是宇宙中的原始产物，它与恒星关系密切。星云在引力的作用下可以压缩成恒星，而恒星的气体进入宇宙空间，慢慢地也会成为星云的一部分。星云按照发光性质可以分为发射星云、反射星云和暗星云；按照形状可以分为弥漫状星云、行星状星云和超新星遗迹。其中，行星状星云是垂死的恒星内抛出的气体壳，超新星遗迹是恒星爆炸以后快速向外移动的气体壳。

星云包含了除了行星和彗星以外的几乎所有延展型天体。

星团

星团是指聚集在一起并且受引力作用束缚的一群恒星所组成的星群。一般星团至少含有 10 颗恒星，有些甚至达到几十万颗恒星。

宇宙探索

星团一般可以分为两种，一种是“疏散星团”，一种是“球状星团”。疏散星团是由十几颗到几千颗年轻恒星组成的，分布相对松散、形状不规则，它们诞生于同一片星云之中，正在彼此飘离。球状恒星由上万颗到几十万颗比较老的恒星组成，分布相对密集一些，形状接近于球形。球状星团的光度比较大，所以在很远的地方就能看到。

半人马座ω星团是银河系中全天最亮最大的星团。

星系

星系是质量巨大的恒星、星云和星际物质的总和。宇宙中,星系的大小有很大的区别,最大的星系有3万亿颗恒星,而最小的星系大约只有10万颗恒星。

宇宙探索

星系是按照形状来分类的,主要可以分为:椭圆星系、旋涡星系和不规则星系。椭圆星系呈椭圆状,一般中心最亮,边缘渐暗,恒星多呈现不规则运动,年老的恒星比较多。旋涡星系,从中间的核球向外伸出几条螺旋式的悬臂。不规则星系,就是没有明显形状的星系。多数不规则星系可能曾经是椭圆星系或旋涡星系,但因为重力作用,受到破坏而变形。

宇宙中没有完全相同的星系，每一个星系都有自己独特的外貌。

星系群

星系一般不单独存在，有成团的倾向。一般地，人们将100个以下星系组成的天体系统称为“星系群”，而将超过100个星系组成的天体系统称作“星系团”。两者没有本质区别，只是数量不同而已。

宇宙探索

星系群的成员因为彼此相互的引力而聚集到一起，彼此大约相距1600万光年。成员星系各有自己的系统，但同时又以成员的身份参加星系团的活动。一个星系群中，位于中央的大多为巨椭圆星系，在它的周围则是椭圆星系或透镜星系，再往外才是散布的旋涡星系和不规则星系。星系团中聚集有大量的高温气体，质量几乎与所有成员星系的总和相当，甚至还要大一些。

本星系群以银河系为中心，包含仙女星系、麦哲伦星云等40个星系。

星座

古希腊人在观测天空的时候，将某些特定的恒星连在一起，组成各种可以感知的图案，并称它们为“星座”。现在，天文学家们将可以观测到的星座精确划分为88个。

宇宙探索

人们在地球上仰望天空的时候，所有恒星似乎都在一个平面上，事实上它们距地球有远有近。这些星座有些只能在北半球看到，有些只能在南半球看到，而有一些则在南北半球都能看到。比如，北斗七星所在的大熊座就只能在北半球看到，半人马座就只有在南半球才能观测到，而猎户座则在南北半球都能看到。

古时候水手在海上航行时，往往依靠星座来分辨方向。

宇宙尘埃

宇宙中除了各种各样的恒星、行星、彗星等天体之外，还有大量的尘埃，人们称之为“宇宙尘埃”。所谓宇宙尘埃，就是飘浮于宇宙间的岩石颗粒和金属颗粒。

宇宙探索

从物质上分析，宇宙尘埃和组成地球的成分没什么区别，只是没有聚合成一颗星体罢了。一旦它们密集地呈云雾状聚集在一起，就好像“星云”一样。关于它们的形成有多种猜测，一种认为它们来自温度较低、燃烧过程较慢的恒星，一种认为它们来自超新星的爆发。

地球上每天都会接收来自外太空的宇宙尘埃，数量可达数百吨。

行星

行星通常是指那些不发光、绕着恒星公转的天体。一般说来，行星的公转方向跟它所绕恒星的自转方向相同。

宇宙探索

行星不能像恒星那样发生核聚变反应，所以不会发光、发热。一个天体被视为行星，需要达到以下三点要求：第一，它必须是围绕恒星运转的天体；第二，他的质量必须足够大并近似于圆球状；第三，在它公转的轨道范围内，再没有比它更大的天体。三点要求，缺一不可。

到2016年5月8日为止，人类已发现2125颗太阳系外的行星。

银河系

银河系是太阳系所在的棒旋星系，它包含 1000 亿～4000 亿颗恒星，以及大量的星团、星云、星际气体和星际尘埃。它是与人类关系最为密切的星系。

关于银河系，都有哪些有趣的知识呢?

银河

夏天晴朗的夜晚仰望天空时，往往能看到一条横贯南北的乳白色光带，远远看去就好像一条流淌的河流一样，所以人们形象地称它为“银河”。银河系的名字也是源于它。

宇宙探索

银河不是银河系，而只是银河系的一部分。17 世纪，望远镜发明之后，人们才发现银河其实是由无数大大小小的恒星组成的。它在天空中明暗不一、宽窄不等。对于北半球的人来说，夏天，地球公转到太阳和银河系中间的位置，就能很清楚地看到银河；冬天，地球公转到太阳与银河系边缘的位置，就没办法看到整个银河带，只能看到较少的星星。

在中国神话传说中，银河是王母娘娘为了阻隔织女和牛郎而用金钗画出的一条天河。每年农历七月初七，喜鹊会在银河上架起一座桥，让二人相会。

银河系

银河系是太阳系所在的恒星系统，其中 90% 的物质是恒星，另外还包含大量的星团、星云、各类星际气体和星际尘埃，总质量为太阳质量的 1.5 万亿倍。

宇宙探索

银河系十分庞大，直径约有 10 万光年，由明亮密集的核心和四条旋臂组成，太阳位于其中的猎户臂上。它呈扁球体结构，拥有巨大的盘面结构，自内向外分别为：银心、银核、银盘、银晕和银冕。最早，人们以为这是一个旋涡星系，但后来的研究发现：银河系中央有一个主要由恒星和尘埃组成的横穿银心的棒状结构，这才发现它是棒旋星系。

正在扩大的星系

据研究表明，银河系正在不断扩大，而原因是它在慢慢吞噬周边的矮星系（光度最弱的一类星系）。

银河系旋臂

银河系是棒旋星系，包含有四条旋臂，它们分别是人马座旋臂、猎户座旋臂、英仙座旋臂和三千秒差距臂。旋臂是气体、尘埃和年轻恒星集中的地方，我们所熟知的太阳就位于猎户座旋臂上。

宇宙探索

假如可以从上往下俯视整个银河系，可以发现：银河系中的恒星不是平均分布的，而是与星云、星团等集合在一起，呈条状由内向外依逆时针方向延伸，宛若一条条的“手臂”。所以，它们便被称为“银河系旋臂”。银河系的四条旋臂是各种星体诞生和成长起来的摇篮，每年大约能“生产”出10颗新的恒星。

2019年，美国、德国、瑞士等国的科学家合作，首次绘出银河系旋臂的完整图像。图像显示，银河系内部有两条明显对称的旋臂，并在向外延伸后各自又分出一条旋臂。

银心

银心就是指银河系的中心点，即银河系的自转轴跟银道面的交点，是银核的中心。

宇宙探索

银心位于人马座方向，这个区域的主要组成部分是大量的恒星。银心的质量很大，大约是太阳的400万倍。通过射电望远镜，人们发现银心有一个很强大的射电源，所以银心很可能是一个质量很大的致密天体的中心，甚至有可能是一个黑洞。

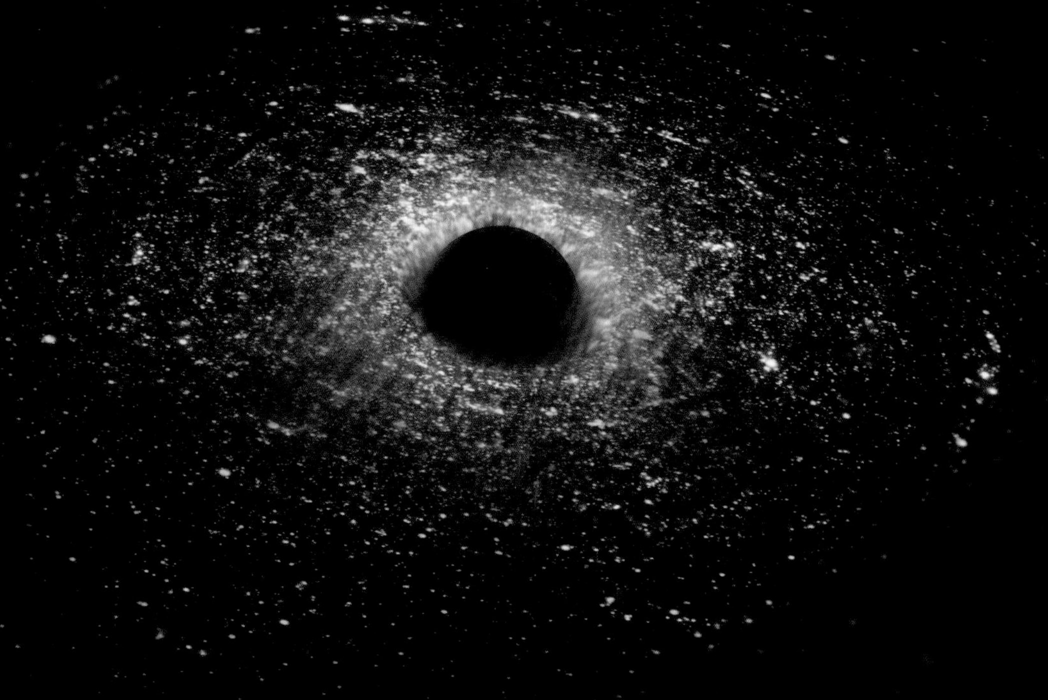

20世纪末，日本科学家曾根据天文观测结果推断，银心曾爆发过一个大质量的天体或是大量的超新星。

银核

在银河系中央，有一个略微凸起的部分，这是一个直径约 2 万光年、厚约 1 万光年的很亮的球状体，这便是银核。

宇宙探索

银核的主要组成部分是高密度的恒星和星际物质，其中最重要的是年龄超过 100 亿年的老年红色恒星。根据观测发现，银核形成于 110 亿至 120 亿年前，与银盘、银晕几乎形成于同一时期。有人推测，这可能是因为在银河系诞生之初，遭遇了宇宙大碰撞，结果处于银晕上的物质被推入银核，使得银核瞬间形成。但这个结论，还有待进一步研究和论证。

银河系

银核作为棒旋星系的“棒状结构物”就存在于银核上。

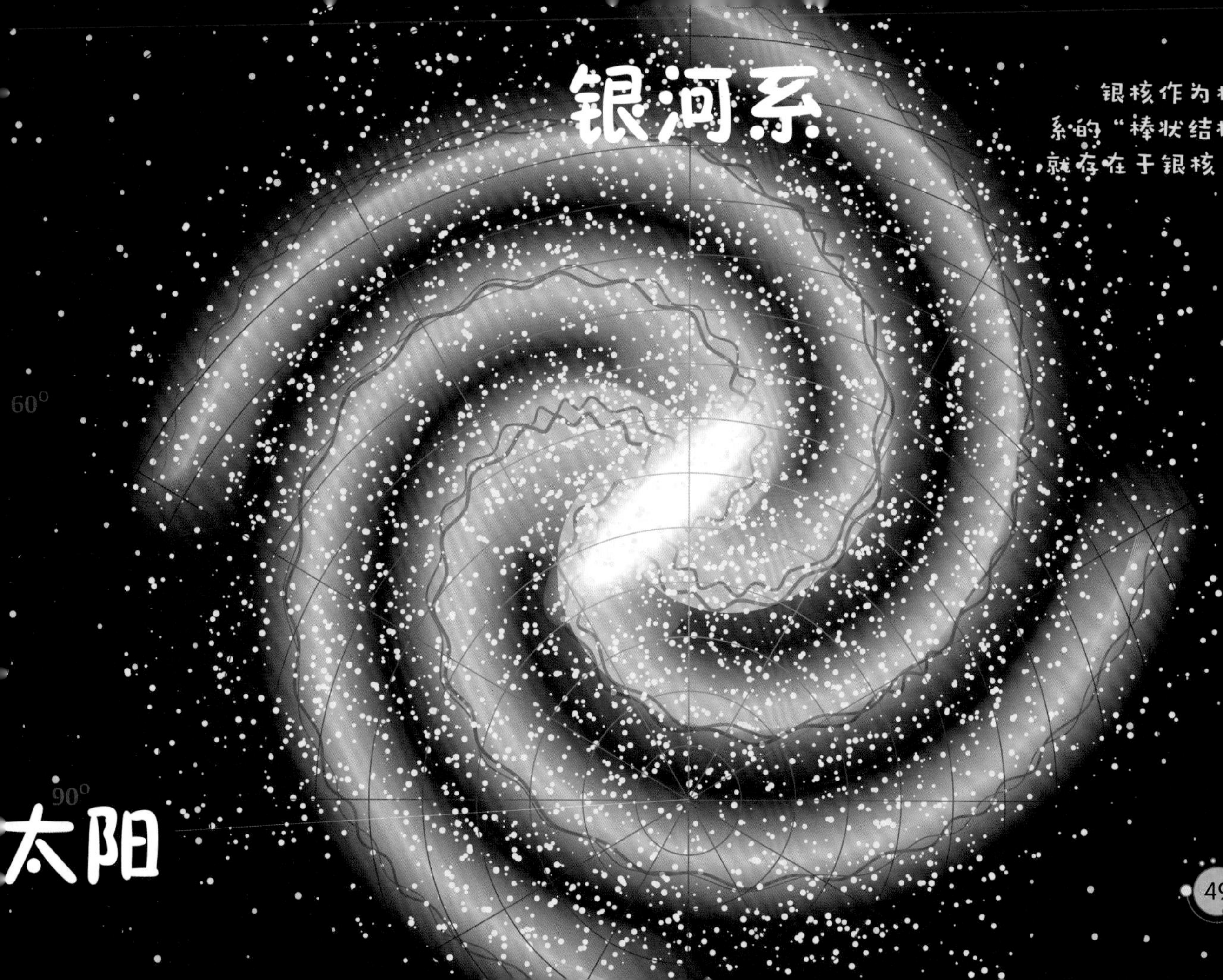

银盘

银盘位于银核的外面，呈扁平的圆盘状，银河系大部分恒星和星际物质都集中于这个区域。可以说，银盘就是银河系的主体。

宇宙探索

银盘的直径大约为 8 万光年，呈中心厚、边缘薄的状态，厚的地方厚度达 6500 光年或更厚，薄的地方厚度约有 3000 光年。银盘主要由恒星、气体和尘埃组成，这些物质组成四条巨大的旋臂，它们环绕组成了银盘。而每条旋臂上都有着大量的年轻恒星。

银盘内聚集了银河系内大部分的星际物质，而这些星际物质中有10%都是星际尘埃。星际尘埃会造成星际消光。所以，人们研究银河系的时候不采用光学观测，而采用射电观测。

银晕

弥散在银盘周围的一个扁平球形区域就是银晕了。银晕的直径不超过 16 万光年，稀疏地散布着一些年龄超过 100 亿年的年老恒星。

宇宙探索

除了老恒星外，银晕中还含有少量的气体。这些气体大部分是电离氢，是银盘中的超新星爆发和恒星风给带来的。另外，在新的银河系模型中，银晕还含有一些肉眼看不见的物质，它的质量远比过去估算的要高。

银冕

在银晕外面，有一个巨大的呈球状的射电辐射区，这便是银冕。银冕位于银河系的最外缘，至少延伸到距银心 32 万光年处。

宇宙探索

一般来说，“冕”是指天体周围的气体包层，银冕就是银河系最外层的灼热气体层。这是一个非常稀薄的包层，而其中的气体可能来自超新星残骸。银冕对维持银河系稳定具有一定的帮助，它能帮助银河系看紧大门，不让物质外逃。

银冕是21世纪初期才有的新天文名词。

太阳系

太阳系是我们最熟悉的天体系统，它位于银河系旋臂上一个不起眼的位置，包含太阳、行星、卫星、彗星、流星等。人们对太阳系的研究与了解远远高于其他宇宙区域。

那么，太阳系又有哪些神奇的故事呢?

太阳系

太阳系是由太阳（中央恒星）与受太阳引力约束的天体组成的。这些天体包括 8 颗行星和 170 余颗已知的卫星、矮行星、小行星、柯伊伯带天体、彗星和流星体等。

宇宙探索

关于太阳系的产生，有多种假说，其中支持者较多的叫“星云假说”。

星云假说认为，太阳系诞生于密度较大的星云。这块星云在绕银河系中心旋转并通过旋臂时，受到压缩，然后在自身引力下塌缩，核心温度不断升高，慢慢形成太阳。太阳诞生后，行星和其他小天体也陆续形成。到这个时候，太阳系就基本形成了。

太阳是太阳系的中心，太阳系内所有的天体都是围绕着它做运动的。

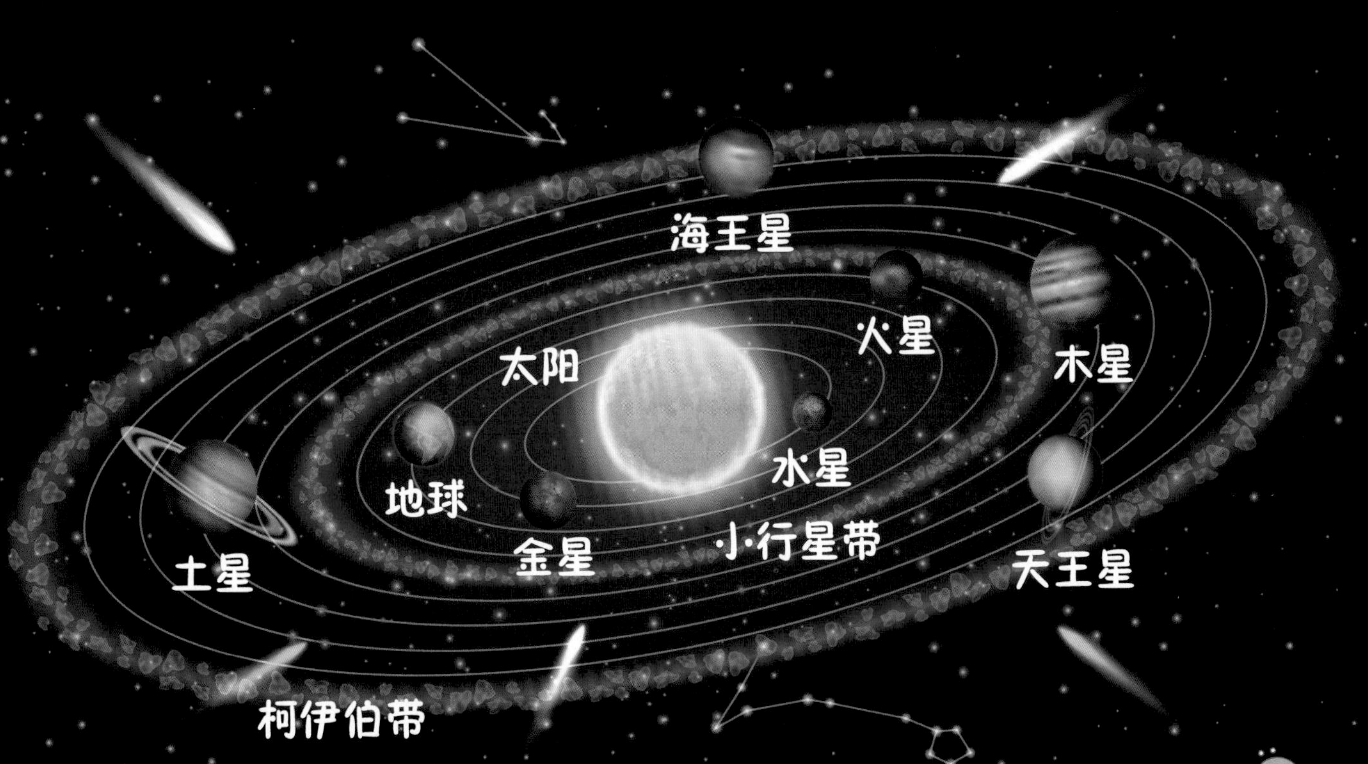

太阳

太阳是太阳系的中央恒星，目前大约已经有50亿岁了，而它的寿命可达到100亿岁。所以它将继续发光发热50亿年，现在它正值壮年。

宇宙探索

太阳是一颗炙热的黄色天体，直径约为140万千米，表面温度约为6000摄氏度，内部温度高达1500万摄氏度，几乎完全由氦和氢组成。由内至外，太阳被分为核心、辐射区、对流层、光球层、色球层、日冕层。

太阳核心氢聚变后放出能量，能量经过辐射区和对流层，来到光球层，以光与热的形式离开太阳。光球层之下称为太阳内部，光球层之外（含光球层）称为太阳大气。

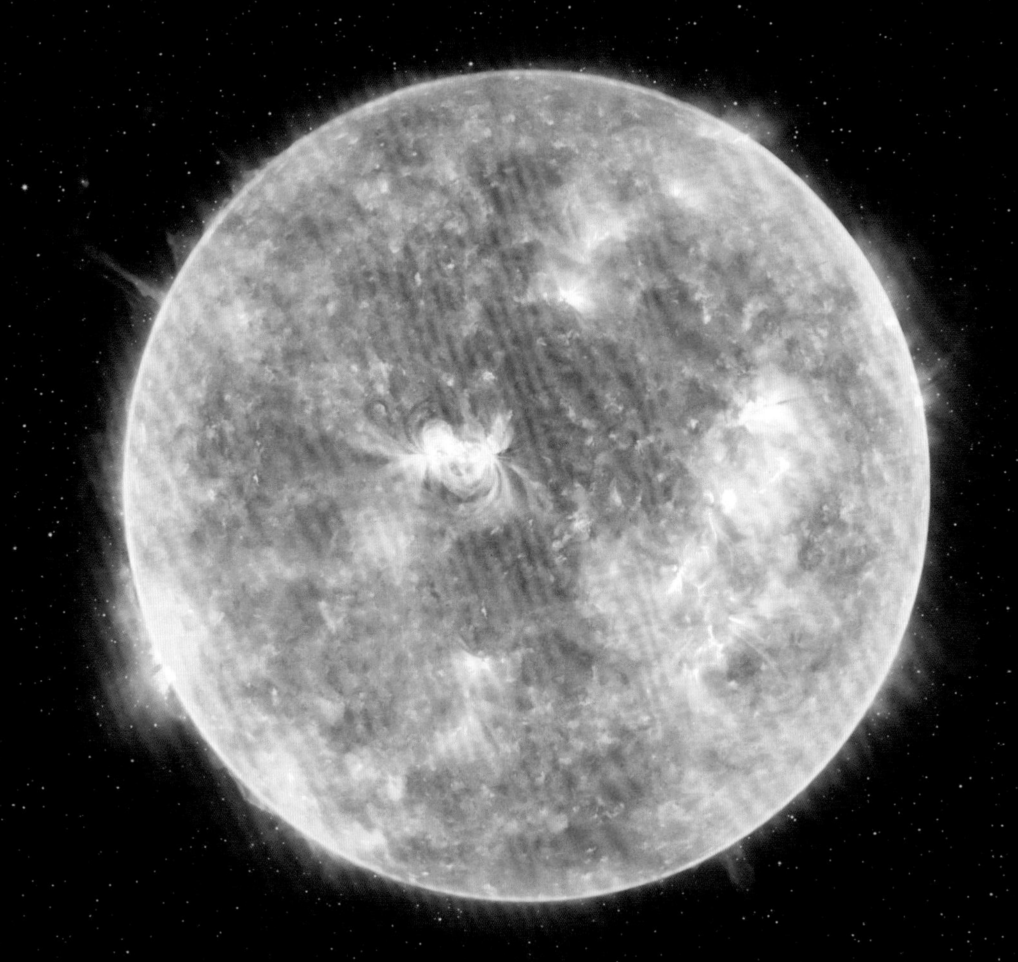

太阳活动

太阳活动指的是太阳大气层里一切活动现象的总称，如太阳黑子、光斑、耀斑、日珥和日冕瞬变等。太阳活动往往会辐射出大量的紫外线、X射线、粒子流和强射电波等，从而引起地球上的极光、地震、火山爆发等现象。

宇宙探索

由于磁场的冷却效应，在光球层上经常会出现一些成对或成群的暗斑，这些暗斑温度比较低，所以呈暗色，远远望去就好像一个个黑点一样，所以被称为太阳黑子。几乎每隔11年，太阳黑子就会出现一次大爆发。太阳黑子是太阳活动的基本标志。

由于太阳活动对人们影响很大，现在包括中国在内的许多国家都已经开始进行太阳活动预报的工作。

太阳的未来

任何一颗恒星都逃脱不了“死亡”的命运，太阳也一样。如果到了那个时刻，太阳系预计会变成什么样呢？

宇宙探索

当太阳核心部分的氢燃尽后，太阳会进入红巨星阶段，变得越来越亮，温度也一路飙升。受它的影响，地球上的水将被蒸发得一干二净，甚至再无生物能够生存；太阳系中的其他一些天体也可能因此被蒸发消失。随着太阳内核的消失，太阳的引力也逐渐减弱，太阳会不断放出气体，导致太阳质量减少到原先的60%，而行星也开始远离它。它逐渐失去光芒，变成白矮星。

太阳变成白矮星后，侥幸保留下来的行星会继续绕太阳运行，但只剩下一片死寂。

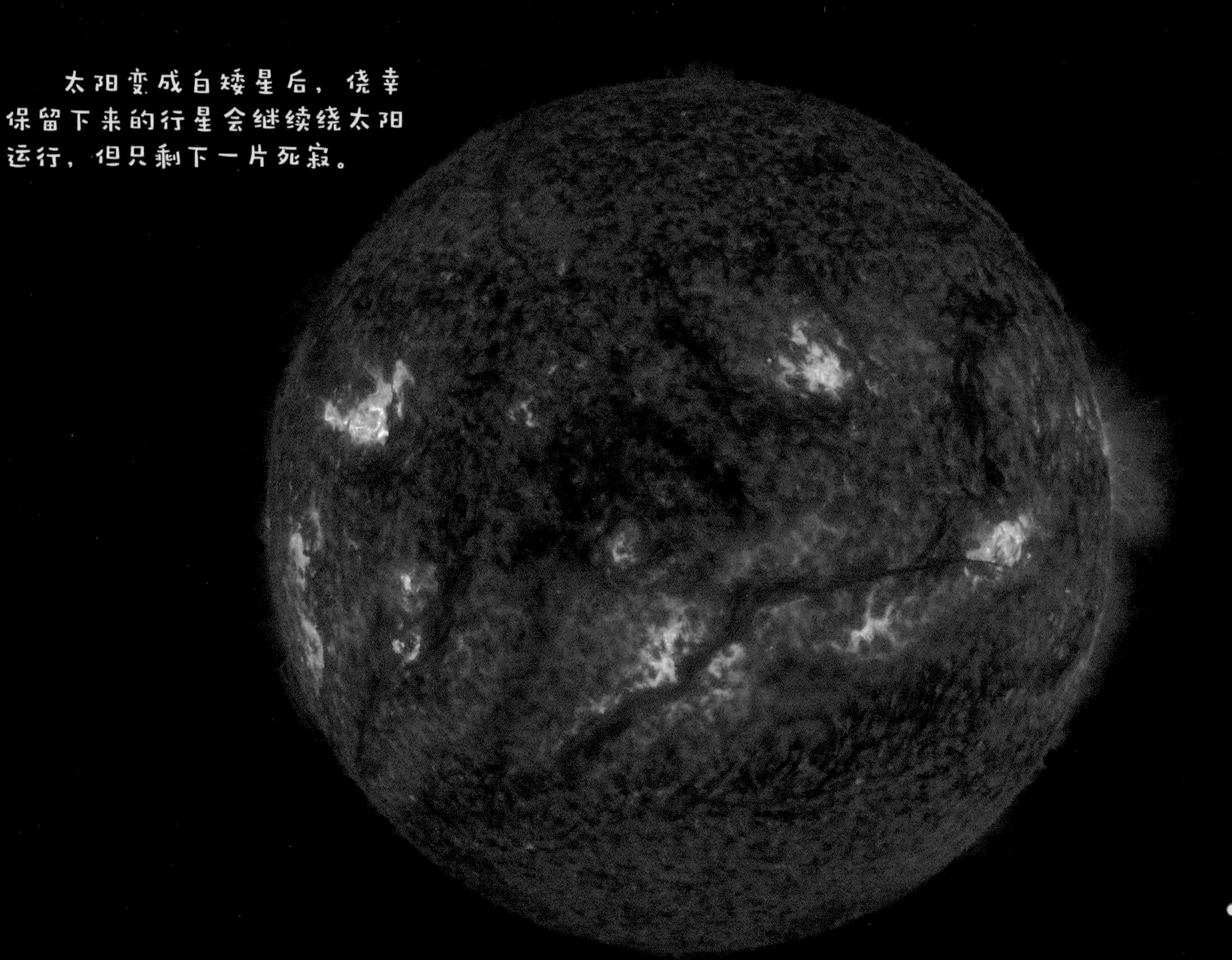

八大行星

八大行星是太阳系中的八颗大行星，按照它们距离太阳的远近，从近到远分别是：水星、金星、地球、火星、木星、土星、天王星、海王星。

宇宙探索

按照组成的不同，太阳系的八颗行星可分为以下三类：岩质行星、气态巨星和冰巨星。其中，水星、金星、地球与火星距离太阳较近，体积小，表面坚固，主要由岩石构成；木星和土星体积最大，主要由气体组成；天王星和海王星体积介于岩质行星和气态巨星之间，主要由气体和冰物质构成。

水星

水星是太阳系中体积最小的行星，也是距离太阳最近的行星。正由于距离太阳近，所以水星表面的温度异常高，平均能达到 167℃。同时，它绕太阳公转的速度也要比其他行星快，公转周期还不到 88 天。

宇宙探索

水星是一颗岩质行星，它由大约 70% 的金属和 30% 的硅酸盐材料组成，表面布满了陨石坑，当然还有平原、高山和峭壁等。

水星上最大一处陨石坑，直径达 1300 千米，可能是由一颗直径约 60 千米的小行星撞击形成的。撞击导致陨石坑周围出现了环形山。至于峭壁，大约是在 40 亿年前形成的。那时，水星高温的内核冷却下沉，导致星球表面弯曲，于是形成了这些断层。

水星自转周期非常慢，从而导致它的昼夜温差极大，日照面最高温度可达到 430 °C，而背光面的温度只有零下 170 °C。

金星

在人眼所能见到的天体中，金星是天空中亮度仅次于太阳和月亮的行星。为什么它会这么亮呢？这得归功于它上方的云层能强烈地反射太阳光。

宇宙探索

金星比地球稍微小一些，但内部结构却可能比较相似，中心位置都是一个半固体的金属核，金属核外则包裹着岩质的“星幔”和“星壳”。金星大气的主要成分是二氧化碳，这导致太阳光照射到星球上后，热量很难散发出去，所以金星是太阳系中最热的行星，表面最高温度可以达到480℃。这个温度，金属都能融化了，所以金星表面的岩石经常是液态的。

清晨，金星出现于东方天空，名为“启明星”；傍晚，它出现在西面的天空，称为“长庚”。

地球

地球大约诞生于46亿年前，是八大行星中唯一覆盖了厚厚的空气的星球，也是唯一存在液态水的行星，同时还是已知的唯一存在生命的行星。

宇宙探索

为什么地球是唯一宜居的星球呢？原因是多方面的：首先，地球距离太阳不远也不近，地表的温度不会太高也不会太低；地球上有大量液态水，有水才有生命；第三，地球有厚厚的大气层，它为人们屏蔽掉了许多有害辐射，阻止了多数陨石到达地面，还能留住太阳的热量为地球保温，又能帮助地球形成水循环。

地球大气层的主要成分是氮气和氧气。

月球

月球是一个绕地球旋转的岩质天体，是地球唯一的天然卫星。除了太阳外，月球是我们最熟悉的天体。

宇宙探索

月球是一个表面布满尘砾和砂石的“岩石球”，这里没有水，也没有空气，十分荒芜。月面高地上布满了陨石坑。而在一些低洼的地方，一些大型的陨石坑被熔岩流填充，凝固后形成了大片的阴暗区域，人们称之为“月海”。月海主要分布于面向地球的一面。为什么这一面总冲着地球呢？这是因为月球的自转周期和围绕地球公转的周期都是27.3天，是同步的，所以月球始终一面冲着地球。

月球多数陨石坑的边缘都围绕着环形山。

火星

火星是一颗红色的星球，是太阳系中离太阳最远的岩质行星。火星上有不少巨大的火山、冰盖和深深的峡谷，表面布满了大大小小的陨石坑。

宇宙探索

火星表面覆盖着一层红色的尘土，这层土常常被狂风卷起，充满大气，所以整个火星看起来就是红色的。火星的北半球有很多由凝固的火山熔岩流形成的巨大平原；而南半球则有着大量的陨石坑以及撞击产生的巨大盆地。火星上还有很多火山，以及一些分枝状的河道——这说明火星上曾经有液态水流动，只不过现在干涸了而已。

火星表面的陨石坑大约形成于35亿年前，由千万颗小行星撞击而形成。

小行星

小行星是绕太阳运行的岩质或金属质的天体，与行星形成于同一历史时期。最大的小行星直径可达 1000 千米，但大多数小行星的尺寸都要比这个尺寸小得多，最小的直径不到 1000 米。

宇宙探索

太阳系中，大部分的小行星集中分布在火星和木星之间，从而形成了一个“小行星带”。小行星带上有成千上万颗小行星，它们体积小、质量小、绕太阳运行，彼此相隔很远。许多小行星表面都有陨石坑或凹痕，这些痕迹应该是它们相互撞击形成的——一般情况是较小的小行星撞击稍大的行星。

大部分小行星都是不规则形状的。

木星

木星是太阳系中最大的一颗行星，直径是地球的 11 倍，体积是地球的 1300 倍，质量比其他行星的质量总和还要高出 1.5 倍。这是一颗气态巨行星，主要由氢和氦组成，表层与大气融合。

宇宙探索

木星是太阳系中自转速度最快的一颗行星，自转一周的时间不到 10 小时。这让木星大气里的云形成了一条条与它自身赤道平行的环绕星体的云区和云带。其中，颜色较亮、高度较高、温度较低的称为“区”，颜色较暗、高度较低、温度较高的称为“带”。在区和带之间常常能见到一些红斑和白卵斑，这些其实是巨大的气旋风暴。其中最大的那个叫“大红斑”，它是木星独有的印记。

大红斑周围的
风速超过每小时
400 千米。

土星

土星是太阳系中体积仅次于木星的行星，是一颗气态巨行星。天文学家们认为，土星应该拥有一个由岩石与冰组成的核，核外包裹着金属氢，表层则与大气融合。它也有和木星一样的“区”或“带”结构，却被雾霭遮挡。

宇宙探索

通过天文望远镜，可以看到土星赤道外围有明亮的土星光环。光环主体可以分成数千条窄环，这些窄环一环套着一环，看上去就好像是密纹唱片上的螺旋纹路似的。光环主要由大大小小的冰质石块组成，另外还有一些尘埃和岩石。土星光环很薄，当土星公转到某个位置的时候，光环与地球在同一个平面上，从地球上看过去，光环就只剩下一条线，好像消失了一样。

土星拥有60多颗天然卫星，最为奇特的是其中7颗卫星居然共用一个轨道。天文学家认为，这种共轨道卫星，可能是由一颗卫星分裂而来的。

天王星

天王星是一颗冰巨星，温度极低，最低温只有零下224℃。天文学家认为，它的内核由岩石构成，外核则是由各种冰和气体组成的致密混合物，没有固体表面。它的大气中含有少量的甲烷，这使得它看起来是蓝绿色的。

宇宙探索

与其他行星相比，天王星最为独特的是：它的自转轴和公转轨道平面贴得很近。通常行星的自转角度都比较小，而天王星竟达到了98°，这导致它几乎是“横躺”在公转轨道上的。所以在它绕着太阳旋转的时候，它有时候是南极朝着太阳，有时候是北极朝着太阳。有人猜测，天王星自转轴的倾斜可能是其与某个差不多大的天体撞击导致的。

天王星也有光环环绕，主环主要由岩石碎块组成，环和环之间则是尘埃间带，外环则完全由尘埃组成。天王星的光环非常细，里面还含有不少暗物质，所以很难探测。

海王星

海王星常被视为天王星的孪生兄弟，因为海王星的构成与天王星很相似，海王星的大气也主要是由氢和氦组成的，同时还有微量的甲烷。海王星之所以呈现出蓝色的样子，与大气中的甲烷密不可分。

宇宙探索

海王星大气层外层的空气流速极快，时速可达 2400 千米，接近于声音速度的两倍。所以，海王星上分布有带状的大风暴或旋风。

海王星表面的温度很低，大约为零下 220℃，这样的低温能将大气层中的甲烷冻结成白色的云团。这些云团点缀在蓝色的海王星表面，十分显眼。

在海王星被发现以后，天文学家们发现它的运动轨道跟计算的结果有所偏差，于是猜测还有一颗行星。英国天文学家亚当斯和法国天文学家勒维耶同时推算出了海王星的位置。后来，德国天文学家伽勒依据勒维耶的计算结果进行观测，果然发现了海王星。

冥王星

冥王星曾被认为是一颗行星，直到 2006 年的第 26 届国际天文学大会确定了“矮行星”这个类别，才将冥王星剔除于大行星行列，而归于矮行星。

宇宙探索

冥王星主要由岩石和冰构成，直径只有 2274 千米，还不如月球大。它在太阳系的外边缘绕着太阳公转，但它绕太阳公转的角度和八大行星却有所不同，像是被拉长的圆，会周期性地进入海王星轨道内侧。

冥王星上发现了一些“冰火山”，这些冰火山爆发后会喷发出由水和气体凝固的冰凌。

陨石

陨石也称“陨星”，是降落到地球表面的太空岩石——如小行星、彗星等的碎片。陨石有大有小，大的可能比一座房子还要大，小的可能只有鹅卵石那么小。

宇宙探索

太空岩石在接近地球时只能称为“流星体”，进入地球大气层后称为“流星”，如果它穿越整个大气层都还没被燃烧殆尽，才能成为“陨石”。虽然名为陨石，但它其实有三类：一种是石质的，一种是铁质的，还有一种是石铁混合质的。石质陨石大多来自小行星的外壳；而铁质的则主要来自小行星的内核，主要成分是铁和镍等金属；石铁混合质的的陨石极为少见。

大多数陨石来自小行星带。

彗星

彗星是进入太阳系后亮度和形状都会不断变化的绕日天体。彗星绕日运动时，常会出现如同扫把一样的长尾巴，当它以这种状态出现在天空中时，人们也喜欢称它为扫把星。

宇宙探索

彗星是由冰、尘埃和岩石构成的天体，分为彗核、彗发、彗尾三部分。当彗星接近太阳时，它的彗核开始蒸发，产生明亮的彗发和彗尾。彗发就是一个巨大的气体尘埃球，紧紧地包裹着彗核。而彗尾一般有两条，一条是尘埃彗尾(略弯曲)，一条是气体彗尾(笔直)，而且彗尾总是朝着背离太阳的方向延伸，彗星距离太阳越近，彗尾就会越长。

彗星的运行轨道有椭圆形、抛物线、双曲线三种，只有椭圆形轨道的彗星会定期回到太阳身边，展现它的尾巴。如著名的哈雷彗星，每隔76年就会回归一次。

日食和月食

日食，也称为“日蚀”，从字面上来理解就是“太阳有缺失”。从视觉角度来说，日食的确就是这个含义。那么，具体情况是如何的呢？

宇宙探索

地球绕着太阳转，而月亮又绕着地球转。当月球运动到太阳和地球中间，并且三者刚好在同一条直线上的时候，太阳射向地球的光就会被月球阻挡。而月球又不会发光，这就使得原本明亮的太阳圆盘被黑色的月球阴影遮挡，这就产生了“日食”。

根据月亮挡住太阳的部位多少，日食还可以分为日全食、日偏食和日环食三种。

月食产生的原因跟日食差不多，当太阳、地球、月球出现在同一直线上，并且地球挡在太阳和月球之间时，就会发生月食。

宇宙探索

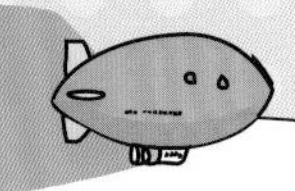

人类从很早的时候就开始探索宇宙了，中国古代还专门设置了观星的官职。早在公元前 776 年，中国人就记载了有关“月偏食”的现象；从公元前 613 年开始，中国就有关于哈雷彗星的记录……

到了近代以后，美苏等国率先进入了宇宙。由此，人类探索宇宙迈入了新的阶段。近年来，中国后来居上，又书写了人类探索宇宙的新篇章。

天文望远镜

天文望远镜是观测天体的重要工具，没有望远镜就不可能有现代天文学。天文望远镜一般有两只镜筒：大的是主镜，用于观测目标；小的是寻星镜，用于寻找目标。目镜是单独个体，它决定了观测时放大的倍率。

探索之路

1600年前后，一个以制作眼镜为生的荷兰人发明了望远镜。伽利略听说以后，也自己制作了一架凸透镜为物镜、凹透镜为目镜的望远镜。之后伽利略不断改良，终于在1610年年初将望远镜放大率提高到33，并用它远望天空，观测天体。通过望远镜，伽利略获得了很多发现，如月球表面坑坑洼洼、木星有4颗卫星……人类跟宇宙的距离从此拉近了。

最初的天文望远镜叫“折射望远镜”，随着需求的不断提高、科技的不断发展，天文望远镜的种类也越来越多了，如空间望远镜、射电望远镜等。

哈勃望远镜

哈勃望远镜是以美国著名天文学家哈勃的名字命名的空间望远镜，它于1990年被美国宇航局送上了太空。这是一台大型的光学望远镜，由一片大的曲面镜代替透镜来聚焦，能最大限度地收集从遥远星球发出的光线。

探索之路

建造在地面上的地基望远镜在观测太空时，往往会受到厚厚的大气层影响，得不到理想的结果。而哈勃望远镜位于地球大气层之上，可以不受大气层干扰获得更精确的天文资料。哈勃望远镜帮助天文学家解开了许多天文学上的基本问题，并拍到了很多重要照片，比如，它拍摄到了彗星撞击木星的清晰照片，还拍到了太阳系外的行星，以及宇宙深处的一些景象等。

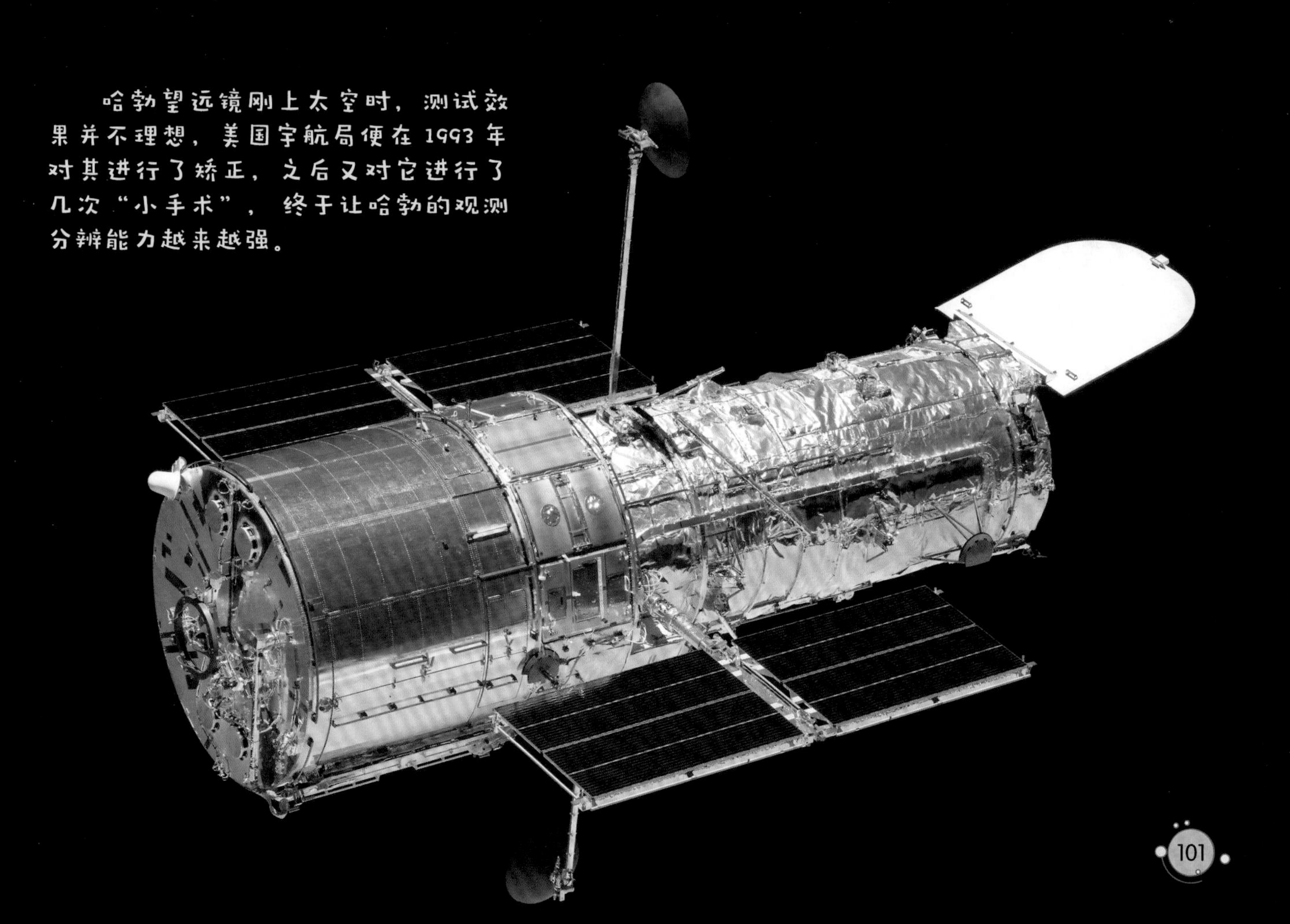

哈勃望远镜刚上太空时，测试效果并不理想，美国宇航局便在 1993 年对其进行了矫正，之后又对它进行了几次“小手术”，终于让哈勃的观测分辨能力越来越强。

射电望远镜

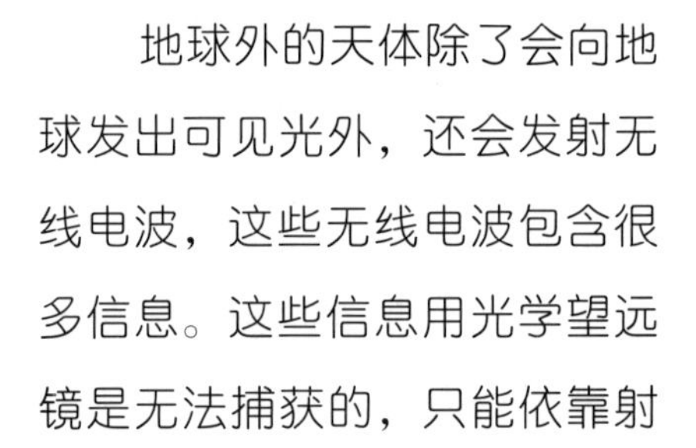
地球外的天体除了会向地球发出可见光外，还会发射无线电波，这些无线电波包含很多信息。这些信息用光学望远镜是无法捕获的，只能依靠射电望远镜来接收。

探索之路

射电望远镜又叫无线电望远镜，它主要由天线和接收器两部分组成。天线负责测探信号，而接收器则负责将捕捉到的信号变成图像。射电望远镜可以在任何气候条件和任何光照强度下工作，也就是说它可以做到不分昼夜全年无休地工作。另外，它的探测能力也比光学望远镜要强一些，像类星体、脉冲星等都是由它发现的。科学家们甚至希望能通过它收到外星文明的信号呢。

天文台

天文台通常是圆柱形结构的圆顶室，顶部则是一个在水平方向上可以360° 旋转的半球壳体。

探索之路

天文台一般建在比较高的山上，因为那里的空气较为清洁，可避免热辐射的影响。同时，天文台的圆顶外表要涂成银白色的，这样有利于反射掉大部分的太阳辐射。在圆顶室的周围还要种上草和灌木丛。现代化的圆顶室内配备有最先进的计算机，由它操控天文望远镜的转向、圆顶窗口等。

天文台屋顶的半球壳体上有一条“缝”，这其实是一个巨大的天窗，只要打开它，整个屋顶就成了一个大窗户，方便庞大的天文望远镜观测。

火箭

一切地球上的物体都受地球引力的作用，被牢牢“套”在地面上。如果想要摆脱这种引力，就必须得到一个与地球引力方向相反并超过它的力。于是，人们发明了火箭。而火箭打开了通往宇宙的大门。

探索之路

火箭由几节组成，每一节都有单独的发动机和燃料。燃料燃烧时产生灼热的气体，气体从火箭尾部喷出，产生巨大的后推力（超过了地球引力），将火箭往上推。等燃料燃烧完毕，火箭将继续上升一段时间。第一节燃烧完，便与其他节脱离，第二节开始点燃，火箭继续上升，直到几节都燃烧完毕，火箭离开地球。在宇宙中飞行，就不再需要消耗燃料了。

当火箭进入太空后，由于空气稀少甚至不存在空气，几乎不存在阻力，火箭就会以同样的速度一直运动下去。

人造卫星

1957年10月4日，苏联发射了第一颗人造卫星，之后美国、法国、日本也相继发射了卫星，我国于1970年4月24日发射了自己的第一颗人造卫星“东方红一号”。之后，各国纷纷加入卫星发射行列。

探索之路

人造卫星大体可以分为三类：科学卫星、技术卫星和应用卫星。科学卫星，其穿行于大气层和外层空间，收集各种太空信息，使人们对宇宙更了解。

技术卫星，是进行新技术试验或为应用卫星进行试验的卫星。

应用卫星，这是与人最近的卫星了，如气象卫星为人们提供准确的天气预报，通信卫星为人们提供良好的电话信号，等等。

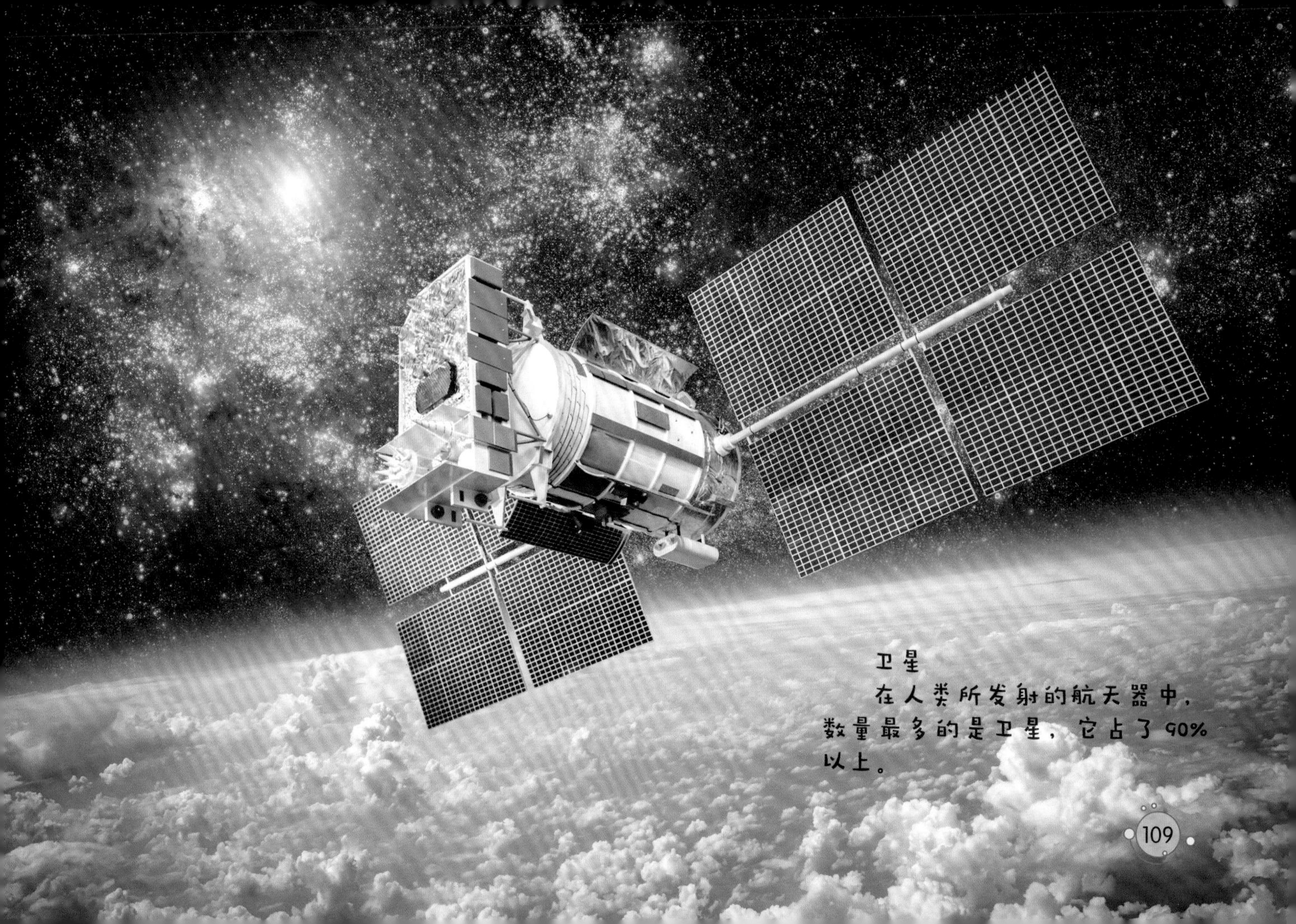

卫星

在人类所发射的航天器中，数量最多的是卫星，它占了90%以上。

人类进入太空

人造卫星升空后，人类也即将进入宇宙。1961 年 4 月 12 日，这是值得纪念的一天，这一天 27 岁的苏联宇航员尤里·加加林，乘坐“东方 1 号”宇宙飞船，在绕地球飞行一周后，安全返回地面。

探索之路

宇航员是千挑万选出来的。首先，他的身体素质要非常好；其次，他要拥有丰富的飞行经验；最后，他需要经过严格的专项训练和考核。这是因为太空环境复杂，而航天器的操作也比较复杂，只有最优秀的飞行人才才能担负起宇航员的责任。继加加林之后，1963 年，第一名女飞行员进入太空；1965 年，人类实现了太空行走。

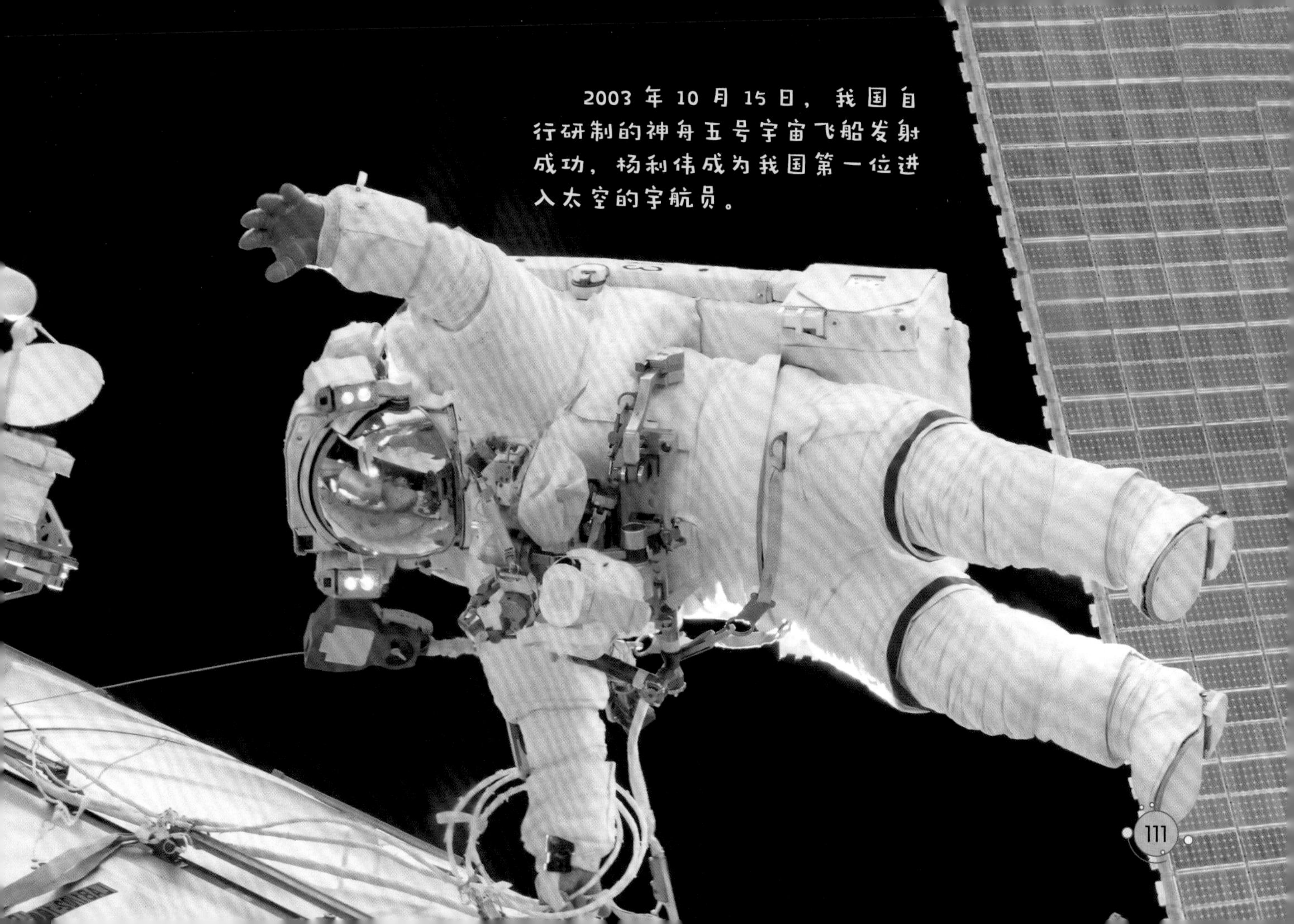

2003年10月15日，我国自行研制的神舟五号宇宙飞船发射成功，杨利伟成为我国第一位进入太空的宇航员。

航天服

宇航员走出宇宙飞船，就得穿上厚厚的宇航服，以保障其生命活动和工作能力。宇航服由压力服、头盔、手套和靴子等组成，缺一不可。背包则用来装所需的水和空气。

探索之路

为什么宇航员需要穿宇航服呢?

这是由于太空环境恶劣，真空、高低温、太阳辐射和微流星等，都会对人体造成危害。比如，在真空环境中，人体血液中含有的氮气会变成气体，膨胀后使得体内外产生巨大的压力差，进而引起生命危险。

早期的航天服只能供航天员在飞船座舱内使用，随着出舱需求的产生，又研制出了舱外用的航天服。

现代宇航服功能：保持宇航员体温；保持压力平衡；阻挡强而有害的辐射；处理宇航员的排泄物；提供氧及抽去二氧化碳。

空间站

空间站是一种在近地轨道长时间运行的载人航天器。空间站内配备着齐全的生活设施，它可供多名航天员巡访、长期工作和生活。空间站不具备返回地球的能力。

探索之路

空间站分单模块空间站和多模块空间站两种。所谓单模块空间站，就是整个空间站只需要用航天运载器发射运载一次就行；而多模块空间站则需要由航天运载器分几次将各模块送到指定轨道，然后再将各模块组装起一个完整的空间站。只有定期检查和维修，空间站才能使用较长的时间。空间站的建立，让太空实验变得更便捷有效，还能节约资金和人力。

国际空间站：由美国、俄罗斯、日本、加拿大和欧洲等国共同建造，是目前规模最大的空间站。

航天飞机

航天飞机是一种可以反复使用的运载工具，利用它可以往返于近地轨道和地面间。它能像火箭一样垂直起飞，又能像飞机那样在返回大气层后安全着陆。

探索之路

航天飞机由轨道飞行器、外挂燃料箱和火箭助推器组成。发射后，用于助推的火箭脱离航天飞机，在降落过程中打开巨大的降落伞，返回地面。这样，火箭便可以反复使用了。航天飞机为人类自由出入太空提供了良好的工具，意义非凡。著名的航天飞机有苏联的暴风雪号，以及美国的哥伦比亚号、挑战者号、发现号、亚特兰蒂斯号和奋进号。

航天飞机表面是特制的瓦片，在航天飞机高速返回地球的途中，可以防止其燃烧。

登月

1969 年 7 月 21 日，美国的“阿波罗 11 号”宇宙飞船载着三名宇航员成功登上月球，美国宇航员尼尔·阿姆斯特朗第一个踏上了月球表面。他迈出的那一小步，却是整个人类的一大步。

探索之路

20 世纪 60 年代，美国制定了一个庞大的登月计划，计划以希腊神话太阳神阿波罗的名字命令，叫“阿波罗登月计划”。从 1969 年到 1972 年，阿波罗飞船先后 6 次登录月球，每次都有两名宇航员走出登月舱，他们采集岩石和土壤标本，以便进行各种研究。“阿波罗 15 号”第一次带上了月球车，宇航员驾着月球车进行了 3 次探险活动，行走了 28 千米。

据悉，2018 年 11 月 6 日，俄罗斯媒体报道称，俄罗斯计划在月球建造一个可供人类访问的长期基地，并借助机器人研究月球。

月球车

月球车，又称“月面巡视探测器”，是一种能够在月球表面行驶并完成月球探测、考察、收集和分析样品等复杂任务的专用车辆。

探索之路

月球车有无人驾驶月球车和有人驾驶月球车两种。1970 年 11 月 17 日，苏联将世界上第一台无人驾驶的月球车“月球 17 号探测器”送上月球，该月球车由轮式底盘和仪器舱组成，用太阳能电池和蓄电池联合供电。这也是世界上第一辆月球车。1971 年 7 月，美国“阿波罗 15 号”所携带的则是首辆有人驾驶的月球车。

为了使月球车能在月面上顺利使用，俄罗斯与美国曾发射了一系列的探测卫星，对月面环境进行反复研究，这才保证了月球车成功登陆月球。

月球背面

2019年1月3日上午的10时26分，“嫦娥四号”月球探测器顺利着陆在月球背面，成为人类首颗成功软着陆月球背面的探测器。当日晚22时22分，月球车“玉兔二号”完成与嫦娥四号着陆器分离，驶抵月球表面。

探索之路

由于月球一直以来总是以一面对着地球，所以月背就没有通信信号，地面无法接收到探测器的信息。同时，月背地势复杂，地形严重凹凸不平，起伏悬殊，探测器着陆困难重重。因此，人类探索月球数十次，却从未到达过月背。中国科研人员经过不懈的努力，通过建立“中继星”的方式，为嫦娥四号的着陆器和月球车提供地月中继通信支持。最终，实现了月球车登陆月背这一难题。

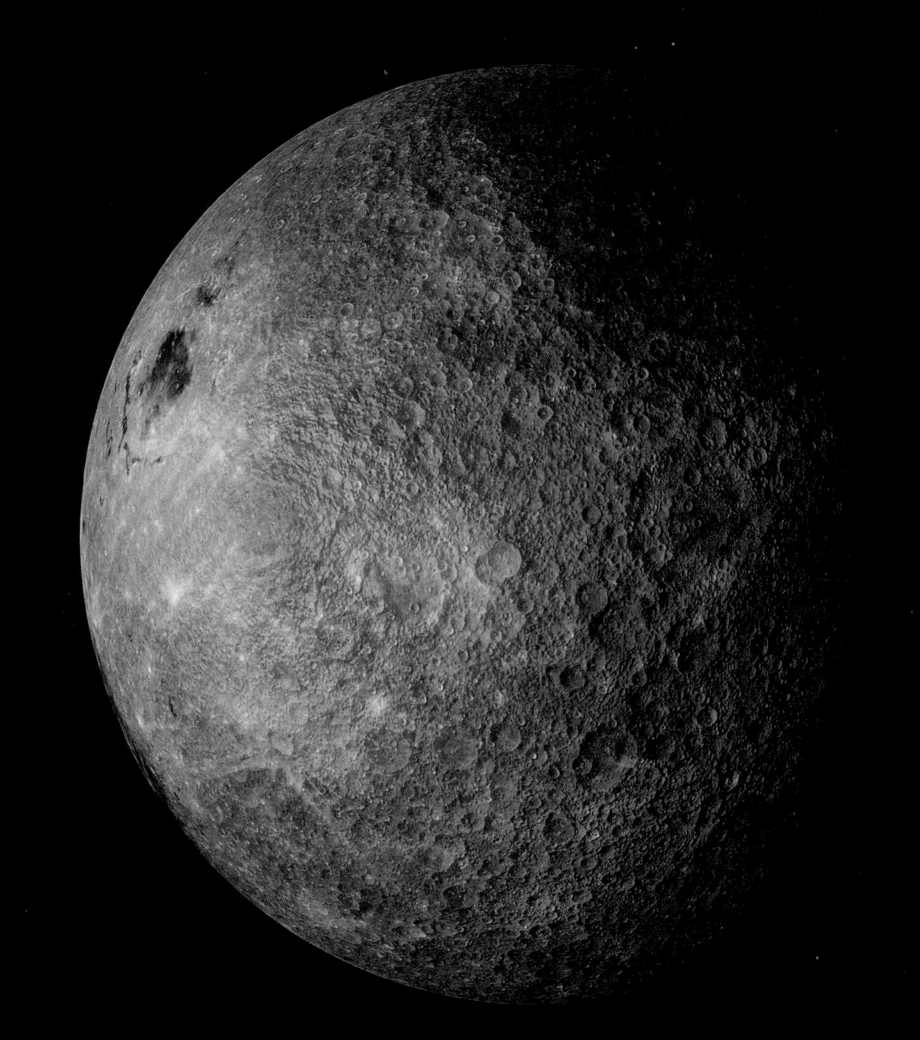

1959 年，苏联拍摄到了第一张月背照片，人类第一次见到月背。

太空垃圾

太空垃圾是围绕地球轨道的无用人造物体，种类多种多样：小的如粉尘、漆片、人造卫星碎片，大的如整个飞船残骸等。太空垃圾不仅污染了宇宙空间，还撞击了航天器，造成了巨大损失。

探索之路

太空垃圾都是由人为因素产生的，原因大约有三类：一是有意或无意爆炸产生的航天器残骸，如 1986 年欧洲的“阿丽亚娜”火箭在轨道中爆炸，产生了 564 块大于 10 厘米、2300 余块小于 10 厘米的碎片；二是宇航员的过失，如美国宇航员丢过一只手套；三是卫星和火箭的残骸。这些残骸具有很大的危险性，目前它们已经引起各国的重视，科研人员已经在寻找治理方案。

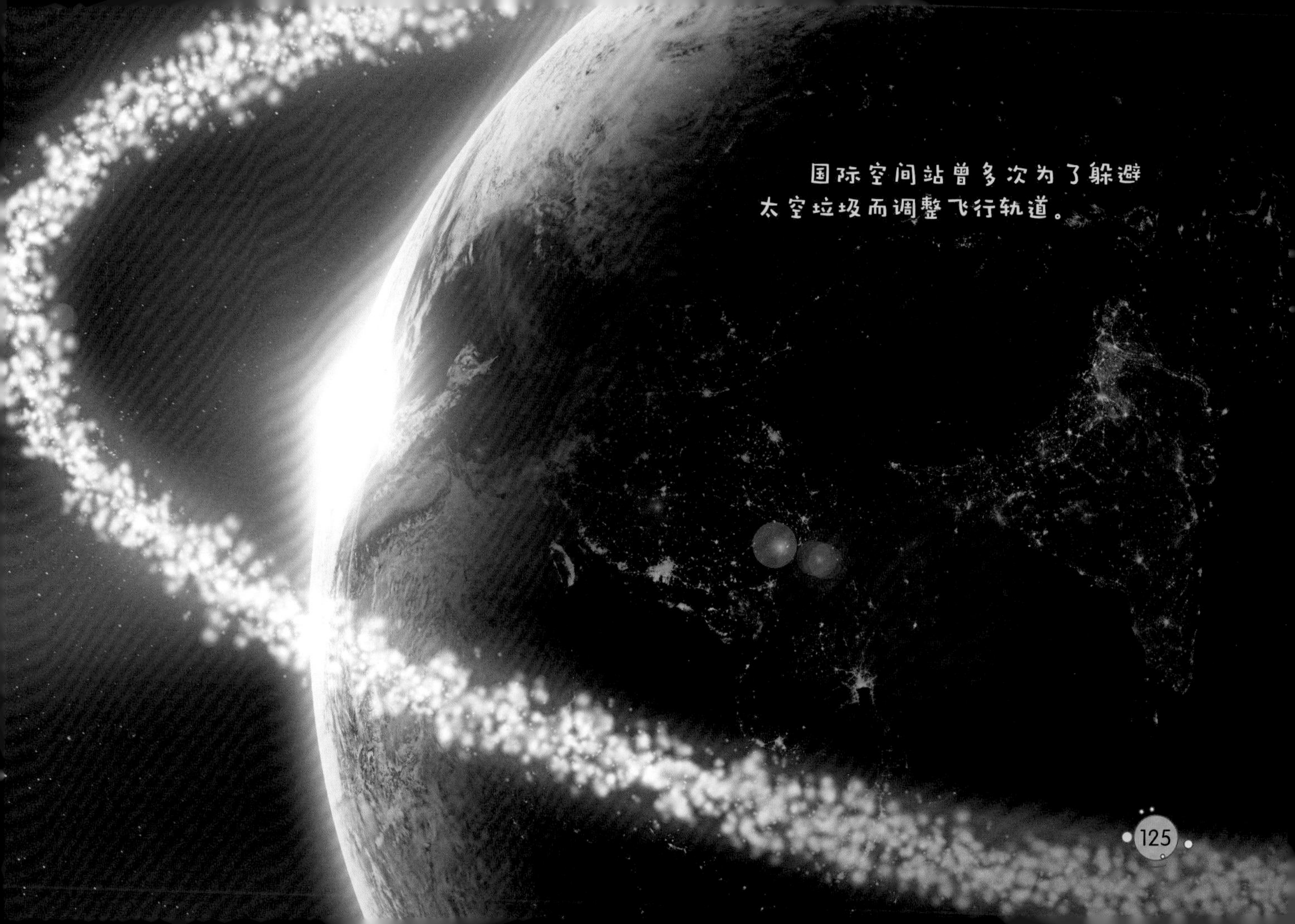

国际空间站曾多次为了躲避太空垃圾而调整飞行轨道。

展望未来宇宙

探索宇宙，离不开火箭与探测器。随着人类探索宇宙的步伐越来越快，人们对火箭和探测器的探索也不断升级。其中，各式各样的火箭开始出现在人们的视线之中。

探索之路

核动力火箭，利用核反应产生的热能将火箭送上天，这种火箭可以飞得更快、更久。

电火箭——利用太阳能发电或核能发电提供推动力的火箭，虽然它的瞬间推动力较弱，但是飞行时间却更持久，适合远距离移动。

光子火箭——一种借助光子碰撞到反射镜上产生的反冲力来工作的火箭。但制造这种火箭的前提是要打造一种足以抵抗高热和高能发光体的发射镜，目前科学家们正在努力。

图书在版编目（CIP）数据

认宇宙 / 新华美誉编著 . -- 北京 : 北京理工大学出版社 , 2021.8
（童眼看世界 : 升级版）
ISBN 978-7-5763-0038-3

Ⅰ . ①认… Ⅱ . ①新… Ⅲ . ①宇宙—儿童读物 Ⅳ . ① P159-49

中国版本图书馆 CIP 数据核字 (2021) 第 136322 号

出版发行 / 北京理工大学出版社有限责任公司
社　　址 / 北京市海淀区中关村南大街 5 号
邮　　编 / 100081
电　　话 /（010）68914775（总编室）
（010）82562903（教材售后服务热线）
（010）68944723（其他图书服务热线）
网　　址 / http://www.bitpress.com.cn
经　　销 / 全国各地新华书店
印　　刷 / 天津融正印刷有限公司
开　　本 / 850 毫米 × 1168 毫米　1/32
印　　张 / 16
字　　数 / 240 千字
版　　次 / 2021 年 9 月第 1 版　　2021 年 9 月第 1 次印刷
定　　价 / 80.00 元（全四册）

责任编辑：王晓莉
文案编辑：王晓莉
责任校对：周瑞红
责任印制：施胜娟